U0300617

筑境

中国精致建筑100

## 1 建筑思想

风水与建筑
礼制与建筑
象征与建筑
龙文化与建筑

## 2 建筑元素

屋顶
门
窗
脊饰
斗栱
台基
中国传统家具
建筑琉璃
江南包袱彩画

## 3 宫殿建筑

北京故宫
沈阳故宫

## 4 礼制建筑

北京天坛
泰山岱庙
闾山北镇庙
东山关帝庙
文庙建筑
龙母祖庙
解州关帝庙
广州南海神庙
徽州祠堂

## 5 宗教建筑

普陀山佛寺
江陵三观
武当山道教宫观
九华山寺庙建筑
天龙山石窟
云冈石窟
青海同仁藏传佛教寺院
承德外八庙
朔州古刹崇福寺
大同华严寺
晋阳佛寺
北岳恒山与悬空寺
晋祠
云南傣族寺院与佛塔
佛塔与塔刹
青海瞿昙寺
千山寺观
藏传佛塔与寺庙建筑装饰
泉州开元寺
广州光孝寺
五台山佛光寺
五台山显通寺

## 6 古城镇

中国古城
宋城赣州
古城平遥
凤凰古城
古城常熟
古城泉州
越中建筑
蓬莱水城
明代沿海抗倭城堡
赵家堡
周庄
鼓浪屿
浙西南古镇廿八都

中国精致建筑100

# 大理白族民居

王翠兰 撰文/陈谋德 王翠兰 于冰 摄影

中国建筑工业出版社

## 出版说明

中国是一个地大物博、历史悠久的文明古国。自历史的脚步迈入新世纪大门以来，她越来越成为世人瞩目的焦点，正不断向世人绽放她历史上曾具有的魅力和光辉异彩。当代中国的经济腾飞、古代中国的文化瑰宝，都已成了世人热衷研究和深入了解的课题。

作为国家级科技出版单位——中国建筑工业出版社60年来始终以弘扬和传承中华民族优秀的建筑文化，推动和传播中国建筑技术进步与发展，向世界介绍和展示中国从古至今的建设成就为己任，并用行动践行着“弘扬中华文化，增强中华文化国际影响力”的使命。从20世纪80年代开始，中国建筑工业出版社就非常重视与海内外同仁进行建筑文化交流与合作，并策划、组织编撰、出版了一系列反映我中华传统建筑风貌的学术画册和学术著作，并在海内外产生了重大影响。

“中国精致建筑100”是中国建筑工业出版社与台湾锦绣出版事业股份有限公司策划，由中国建筑工业出版社组织国内百余位专家学者和摄影专家不惮繁杂，对遍布全国有历史意义的、有代表性的传统建筑进行认真考察和潜心研究，并按建筑思想、建筑元素、宫殿建筑、礼制建筑、宗教建筑、古城镇、古村落、民居建筑、陵墓建筑、园林建筑、书院与会馆等建筑专题与类别，历经数年系统科学地梳理、编撰而成。本套图书按专题分册，就其历史背景、建筑风格、建筑特征、建筑文化，结合精美图照和线图撰写。全套100册、文约200万字、图照6000余幅。

这套图书内容精练、文字通俗、图文并茂、设计考究，是适合海内外读者轻松阅读、便于携带的专业与文化并蓄的普及性读物。目的是让更多的热爱中华文化的人，更全面地欣赏和认识中国传统建筑特有的丰姿、独特的设计手法、精湛的建造技艺，及其绝妙的细部处理，并为世界建筑界记录下可资回味的建筑文化遗产，为海内外读者打开一扇建筑知识和艺术的大门。

这套图书将以中、英文两种文版推出，可供广大中外古建筑之研究者、爱好者、旅游者阅读和珍藏。

# 目录

# 大理白族民居

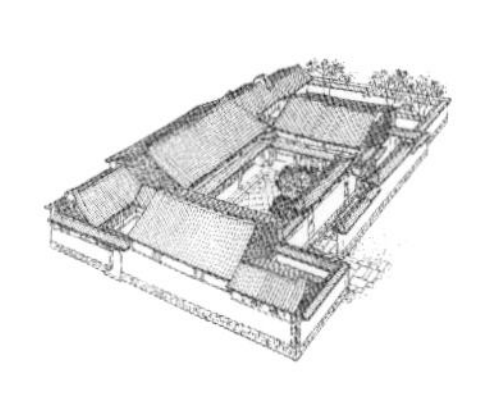

大理位于云南西部，西依苍山，东濒洱海，景色秀丽，气候温和，白族人民即繁衍生息于这片美丽的土地上。在深厚的文化土壤的孕育之下，他们创造了极有民族特色的民居建筑。

白族村镇*多分布于苍山东麓缓坡地带，苍山十八溪清流穿过街巷，形成“家家门前流水”的水乡风貌。大青树和照壁是村镇的标志。合院式房屋平面布局严谨，适用并满足礼制需要。房屋布置和构造十分注意防风，有“风吹不进屋”之誉。大门华丽，照壁典雅，“山花”烂漫，装修精美，使功能与技术达到了完美的结合。更令人称奇的是巧妙地运用当地特产的大理石，作为墙面装饰，或题诗词佳句于墙壁之上，可见民间文风炽盛。庭院内种植奇花异卉；家庭花园比比皆是。大理白族民居确是十分亲切宜人的居住环境。

---

*本书成稿于20世纪90年代。其时，大理周边村落还未由“村”改为“镇”。——编者注

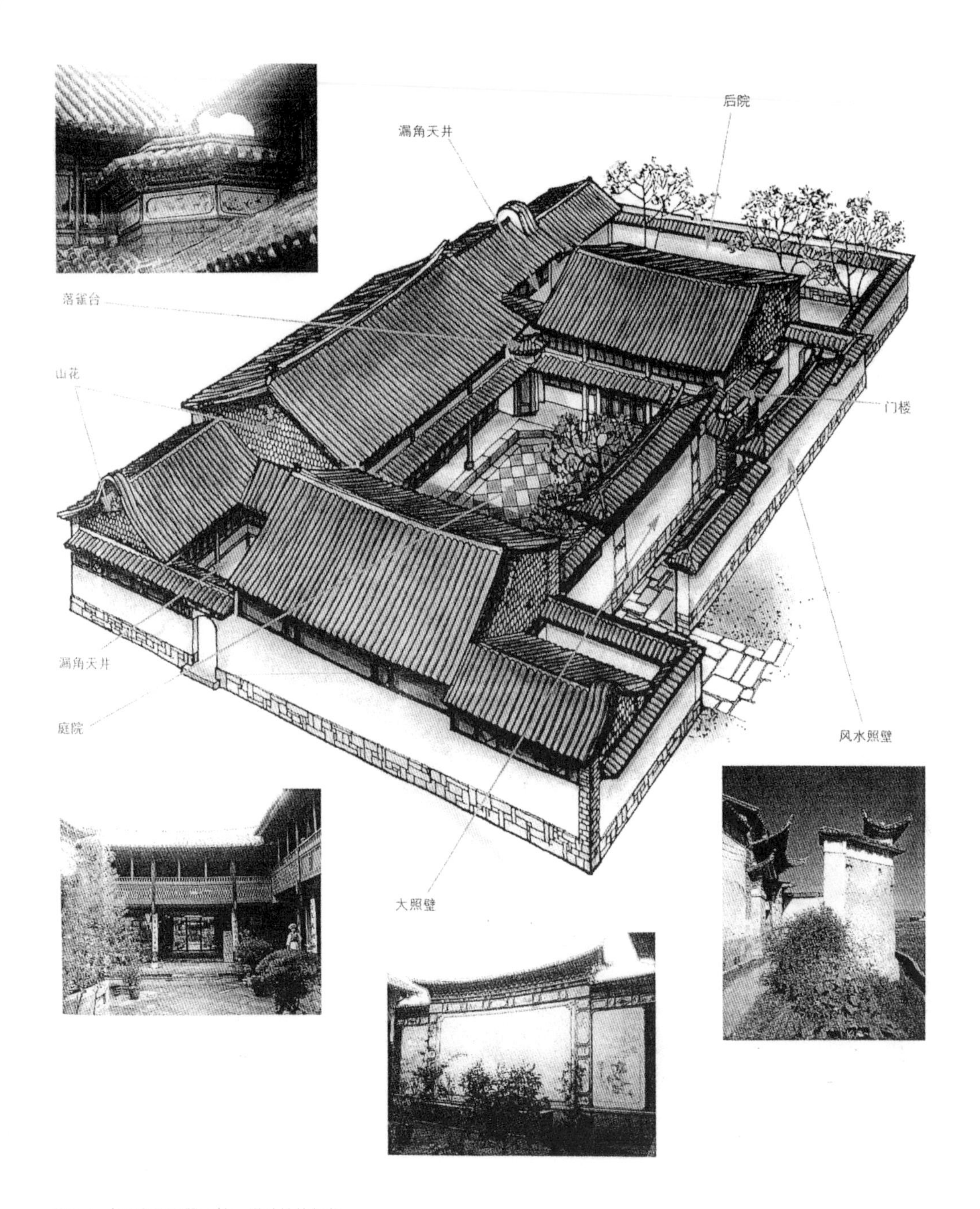


图0-1 大理白族民居三坊一照壁结构解析

此三坊一照壁住宅随地基特点有三个漏角天井。内院由传统的厦廊围绕。各坊楼层通过漏角天井中的二层单坡走廊串连。大门外前方建照壁，以保财得福，并设专用巷道，使入口更为曲折，以求吉导福。

# 一、文献名邦

由昆明西行400公里就到了苍山东麓、洱海之滨、景色秀丽的白族自治州首府，历史文化名城大理。这里属滇西横断山脉南端的西南峡谷区，气候温和，四季如春，雨量充沛，物产富饶。但属高值风速区，风速可达27.7米/秒，故下关有“风城”之称。地震活动较频繁，自公元886年至1977年共发生五级以上地震13次，是有名的地震区。

考古发现远在三四千年前，大理地区已有白族先民居住的半穴式、地面、干阑式房屋和聚落遗址，说明当时人们已定居，从事家牧渔业。约在公元前4世纪，这里已是通往印度、缅甸西南丝绸之路上的一个重要驿站。时至今日仍是滇西商业、交通重镇。汉武帝时大理地区设叶榆县隶益州郡，正式纳入中国版图。唐宋时南诏、大理政权建立，臣属中央王朝，曾一度成为云南政治、文化的中心。元、明、清时期经济文化进一步得到发展。

白族是古代南下的氐羌人、历代移居大理的汉族等民族与本土民族的融合，在宋代大理国时期形成了稳定的白族共同体。语言属汉藏语系藏缅语族。

白族在唐南诏国时积极汲取中原先进文化融于本土文化中，发展了光辉灿烂的本民族文化，使其冠盖合滇。其中建筑文化突出，修建了许多规模宏大的城池宫殿。如南诏王都太和城（今大理太和村西），据《蛮书》记载：“巷陌皆垒石为之，高丈余，连延数里不

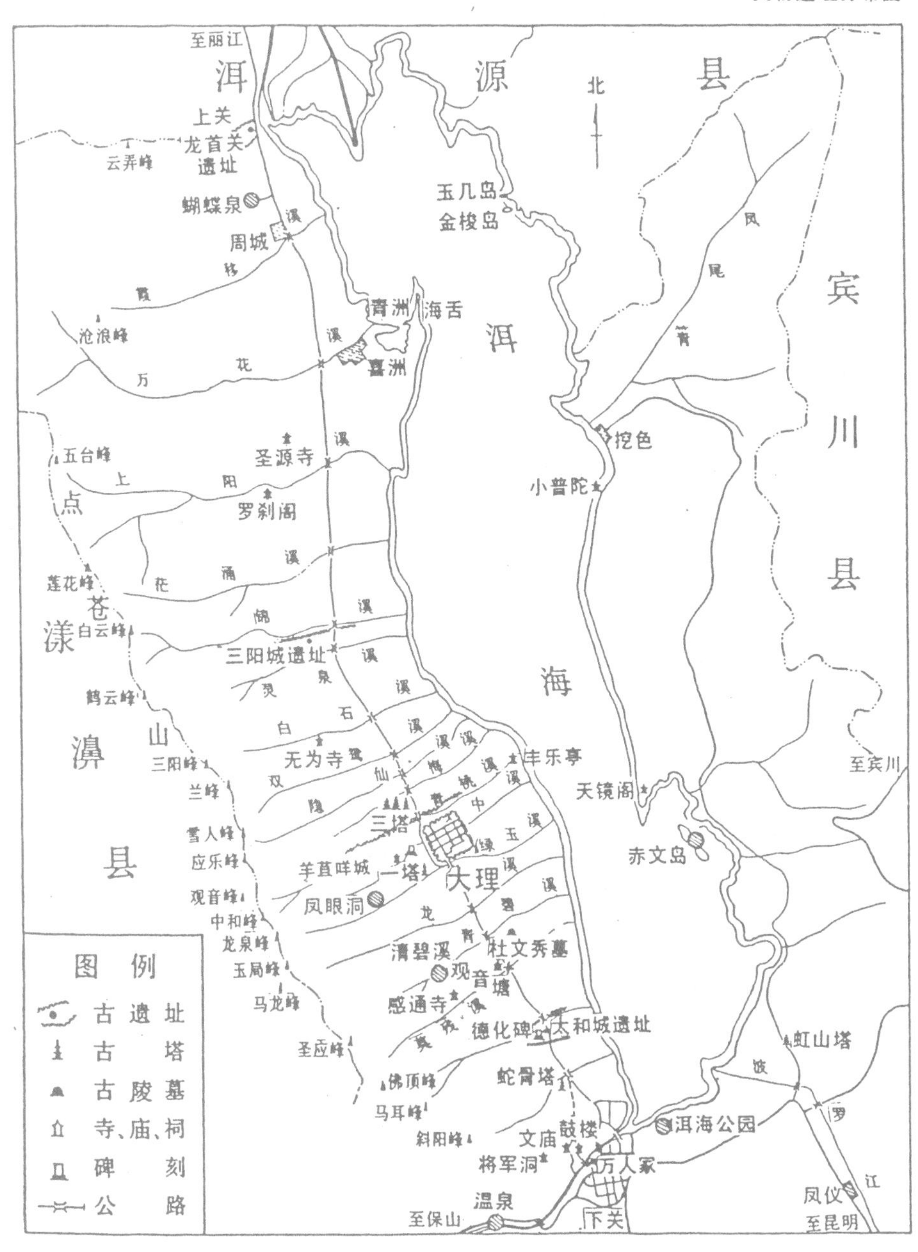


图1-1 大理古迹及风景名胜分布示意图

洱海西岸，上关（龙首关）至下关（龙尾关）之间，是古南诏国都所在地。苍山峰间十八条溪水奔腾入海，名胜古迹遍布，是大理悠久历史和灿烂文化的见证。

断”，今尚存部分城墙遗址。公元779年南诏王都迁至羊苴咩城（今大理城西），《蛮书》记载：城方圆15里，南北城门相对，内有高大城楼五座和一大厅，房屋层层叠叠密如蛛网，内为南诏高级官员和王室住宅。有一五华楼方五里，高百丈，上可容万人。大厘城（今喜洲）城内“邑居人户尤众”。明时在今大理位置修建了新的大理城，方围十二里，城墙高二丈五尺，厚二丈，有四座城门城楼和四座角楼。道路棋盘式布局，傲中原城市。后逐渐发展，至今古城雄姿犹存。

南诏以来佛教盛行，佛寺古塔林立，先后建佛寺达180多座，以崇圣寺最为宏大，据《南诏野史》载：“寺基方七里，房屋三百九十间。”佛教胜地鸡足山鼎盛时期寺庵

图1-2 “文献名邦”大理古城（陈谋德 摄）
大理古城南门城楼原名承恩楼，建于明洪武十五年（1382年），曾多次维修。“文献名邦”的匾额高悬于上，它是大理历史悠久、文化发达的标志。

图1-3 玉柱标空的三塔（陈谋德 摄）

大理崇圣寺三塔是国家重点文物保护单位。主塔方形，高69.18米，16级密檐空心塔，建于唐；小塔八边形，高42.4米，10级空心封闭砖塔，建于宋。三塔鼎立，代表着白族建筑艺术的辉煌成就。

图1-4 银苍玉洱中的小普陀
（陈谋德 摄）
小普陀孤岛宛如一块宝石镶嵌在浩瀚的洱海中。远处是苍山十九峰。岛上观音阁建于明崇祯年间，后毁于战火，咸丰十年（1860年）重建，歇山重檐，玲珑优美，是大理的游览胜地之一。



360座，规模均不小。先后建塔百余座。国家重点文物崇圣寺三塔，主塔方形，高69.18米，为16级空心密檐砖塔，左右小塔八边形，10层空心封闭砖塔。中国建筑宗师梁思成先生从敦煌壁画中研究佛塔后指出："层数由四层至六七层不等，而以四层为最多见；这一点与后世习惯用奇数为层数的习惯颇有出入。"而大理的37座密檐塔中有崇圣寺三塔等15座层数均为双数，占40%，又与中原习惯奇数不同，说明"殊形异制"古风犹存。此外弘圣寺塔、佛图塔（亦称"蛇骨塔"）等都是塔中珍品。众多的佛寺和塔表明了佛教之盛行，故有"妙香古国"、"佛国"之称。古塔中除佛塔外，尚有镇邪灾、风水和文笔、文峰等大小风格各异的古塔，表明了白族民风和建筑技术已有较高水平。

白族历史上文、史成就卓著。自唐后学习汉文化之风日盛，曾尊虏获的西泸县令郑回为师，委任清平官（相当宰相），授学于王室；又分批派子弟到成都求学，历五十年，就学者上千人。官员通用汉文，出现了一批能诗善文的文学家和流传于后世的名作，如杨奇鲲的“途中诗”、段宗义的“思乡”被收入《全唐诗》。特别是明代著名文学家杨慎遭贬入滇后，对滇文化的发展起了重要的推动作用，一时文坛繁荣，诗人辈出。如嘉靖进士李元阳文采飞扬；赵藩撰成都武侯词楹联名倾一时，联曰：“能攻心则反侧自消从古知兵非好战，不审势即宽严皆误后来治蜀要深思”。史学文献和志书亦甚丰，多达二十余部，如《南诏通记》、《大理府志》、《云南通志》等等，是我国史学宝库中的重要财富。民间文风亦颇浓，甚至乡规民约中都有“宜多读书”的条文。并为振兴文风而建“文笔塔”、“文峰塔”。其他如民间传说、故事、歌舞、绘画、雕刻等都有辉煌的成就。因而赢得了“文献名邦”的美誉，并被列为历史文化名城。

大理以银苍玉洱，风花雪月（下关风、上关花、苍山雪、洱海月），景色秀丽著称。元郭松年《大理行记》中描写苍山景观：“……峰峦岩岫，萦云载雪，四时不消”，明诗人李元阳赞曰：“日丽苍山雪，瑶台十九峰”，苍山巅宛如一个冰清玉洁的水晶世界。山体翠黛，从春到秋，马缨花、杜鹃花、山茶花等满缀枝头，各显异彩。尤以花甸坝，满山遍野，奇花异卉，千姿百态，争相斗艳。山间云景多姿，如横束在苍山腰部“玉带云”，还有带着

图1-5 秀丽的海湾渔村（于冰 摄）/前页

这座奇妙的半岛，构成一个良好的渔村避风港。夕阳余晖中，渔船徐徐入港，岛上渔舍掩映在大青树中，景色幽静，风光迷人。





美丽动人传说的“望夫云”，给苍山增添了诗情画意。十八条溪水，悬流飞瀑倾泻于十九峰之间，使苍山更具有灵秀。浩渺的洱海，风姿变幻万千：晨曦里海面波光粼粼，夕照中，三塔倒影迷人。曾有人用“苍山不墨千秋画，洱海无弦万古琴”的诗句赞美苍洱交相辉映的神韵。岸边海湾、岛屿，沙洲、村舍，令人赏心悦目。湖光、山色、渔村构成一幅令人陶醉的景色，使多少游客为之流连忘返。明著名文学家杨慎赞曰：“山则苍龙叠翠，海则半月拖蓝”；著名旅行家徐霞客也曾发出“松阴塔影，隐现于雪痕月色之间，令人神思悄然”的赞叹。大理不愧是全国风景名胜区和旅游胜地。

# 二、村镇的保护神

在苍山洱海间的缓坡地带，白族村落星罗棋布，白墙青瓦的民居掩映在茂密的大青树下，洋溢着浓郁的民族风情。茂密的大青树和秀丽的大照壁屹立于村口，标志着村寨的到来。进入村内中心的小广场——四方街，只见小街窄巷蜿蜒曲折，幢幢民居鳞次栉比，华丽的门楼、多样的山墙、飘逸的照壁，给人雅致美好而难忘的印象。

村落少则几十户，多则千户，其中喜洲、周城都在千户以上。不论村落大小，白族人都是按照自己的风水观进行建设的。

白族的风水不同于内地，其村落和房屋不讲究“负阴（北）抱阳（南）”的格局，只遵循“背山面水”，所谓“背靠山以避风，面对水是龙脉”的原则，具体的就是背靠苍山，面向洱海。事实上在苍山洱海间向东倾斜的缓坡地带，背山面水主房东向，可更好地接受阳

图2-1 大理古城旁的村落群
（陈谋德 摄）
在苍山洱海间绿色的原野上，密布着白墙青瓦的民居群。在茂密树林掩映中，古色古香的大理城门楼，标志着大理悠久的历史和精湛的建筑技艺。

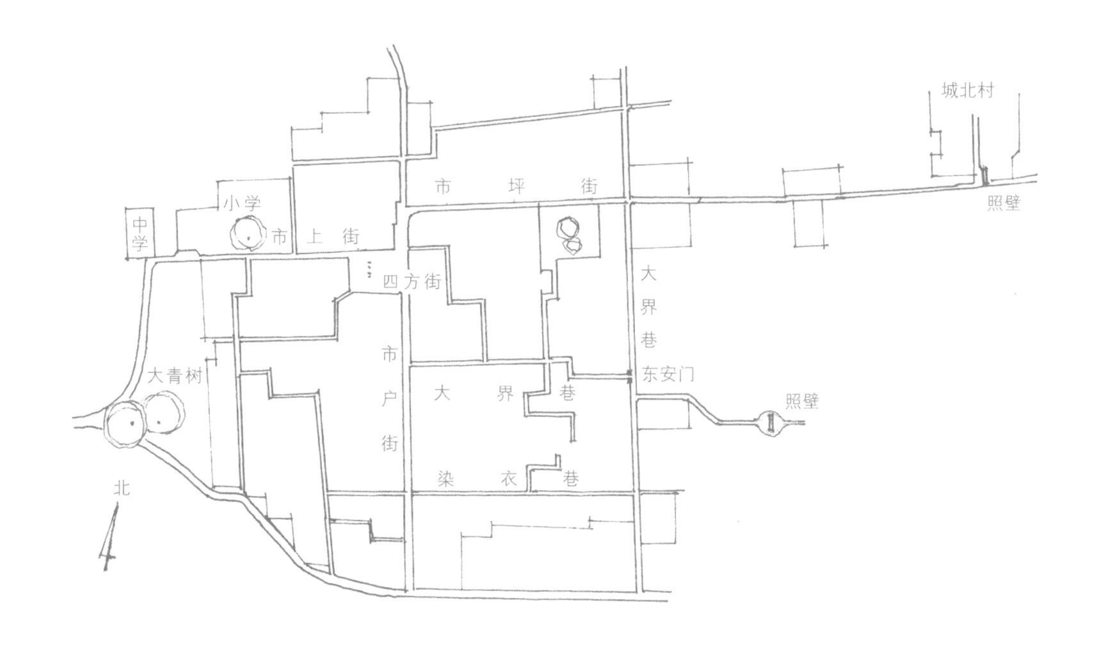


**图2-2 喜洲镇平面示意图**

喜洲，建于唐。南诏时称“大厘”，是南诏王室“行宫”，诸王常来此居住。当时已是人口繁盛、手工业发达的城镇。商贾成“帮”闻名中外。现为喜洲镇。其民居可谓精美的白族建筑艺术的代表。

光，也利于对称形的房屋的基地平整，是有一定科学道理的。

白族习俗，在村镇口栽植树形雄伟、冠大圆浑、枝叶常绿的大青树，人们对它爱护备至，严禁砍伐践踏。在人们心目中它是村寨之神，它的兴旺与繁荣象征着村民的幸福和吉祥，故称“风水树”。据《白族简史》介绍，怒江州碧江四区一带白族在年节时全村各氏族成员同到村寨西边大树下举行祭树仪式，祈求大树神保佑全村人畜兴旺，五谷丰登，这可能是大理白族崇拜大青树的渊源。喜洲村外的两棵大青树，因品种不同，枯荣交替。荣者枝叶繁茂，浓荫蔽日，生机盎然，特别引人注目，成为村落具有神圣意味的标志。每年四月开始农事之前要举行的“绕三灵”盛会，隆重祭祀朝拜本主神中的最高本主，祈求丰年的活动，人们身着盛装，载歌载舞，边唱边行，从苍山下的圣源寺“神都”启程，绕到洱海边河涘城金圭寺“仙都”，最后绕到大理崇圣寺“佛都”东面的马久邑本主庙结束，经过喜洲时绕着这两棵大青树欢歌狂舞，以表崇敬。平时村民们也常在此小憩，格外流连。



水在风水中是财源和吉利的象征，是择屋的重要因素，大理人常引苍山十九峰间奔腾而下的十八溪清流入村，原大理城内各条东西巷皆有清流，故有“家家门前有流水”的美名，可惜现在多被水泥地面遮盖了。由于村落自然地形西高东低，溪水西来东出，按风水观认为财富会由东端外泄，故常在东端隐喻“水口”的位置设照壁，作为“关锁”，以“藏风得水”。如周城东口设照壁，并辅以小广场和大青树，相互衬托，成为村落的“门厅”。照壁不仅造型优美，且起着村落入口标志和向导作用。



图2-3 喜洲村口的“风水树”（王翠兰 摄）
“风水树”是兴旺和吉祥的象征。喜洲村口这两棵大青树高大、繁茂，显得格外神圣。“绕三灵”的队伍要绕着它跳唱，人死后送葬也要绕其三圈，由此也可见它的神圣性。

图2-4 周城村口“风水”照壁（王翠兰 摄）
白族认为村镇街巷东西布局、地势西高东低和溪水西进东出都使财富外泄，故于街的东口建照壁，以“藏风得水”。图为周城村口照壁，是村落入口标志。照壁内侧为小广场和大青树的浓荫。

村中最令人注目的建筑要算本主庙了，崇信本主是一种独特的宗教信仰，是以村为单位，集体崇拜村社神，几乎村村都在村寨地势较高处，或在流水的上端地势最佳处建有本主庙。本主多为历史上有功于国、造福于民的真实人物，如南诏大将段宗榜、清平官郑回、斩蟒英雄段赤诚、杜朝选等。有趣的是他们不是天上的佛祖神仙，而是与村民朝夕相处人性化了的神，都有一个人情味浓郁动人的故事，享受人间烟火。本主像旁还有他们的妻、子等组成家庭，人间气氛十分浓郁。祭祀方式也很奇特，在节日和本主诞辰，抬着花轿接出本主木像巡视全村，接受祭拜，并演戏歌舞，人、神同乐，之后再将本主送回庙里。本主庙大殿有些是开敞式，前檐不设门窗，充满亲切和睦与

图2-5 村镇的保护神——本主庙（王翠兰 摄）
周城景帝庙，建于明末清初，为四合院建筑。入口屋顶造型玲珑剔透，有飞动感。左右搁栅内为神马、神童。建筑体现了鲜明的白族风格。

民共处的气氛。如周城景帝庙是一个由大殿、配殿、庙门组成的四合院（现一厢已毁），大殿平房三间，高台基式，前檐无门窗，歇山顶，砖瓦砌的屋脊通透空灵，檐角高昂。配殿是二层重檐，庙门三门二层，均如民居形式，给人一种亲切感，没有庙堂的神秘气氛。

村落中都有一个中心广场，称“四方街”，这也许是由古代原始社会村寨中的寨心广场演变而来，是村镇的露天会堂，如周城广场，东有戏台，西有两棵六七百年树龄的大青树，左右分立，庞大的树冠笼罩着整个广场，节日在这里跳狮子、龙灯舞，演唱民族传统的曲艺、大本曲、吹吹腔和滇戏等文娱活动，热闹非凡。平时为集市贸易场所，在大青树的浓荫下排列着小贩摊位，人们在树下休息和漫步，一片宁静景象。

**图2-6 景帝庙大殿**（于冰 摄）/上图

开敞式大殿，前檐不设门窗，殿内有本主和妻、儿、部将等塑像，透出了本主的"人性"和与人民共处的亲切感。

**图2-7 村镇的"客厅"——广场**（陈谋德 摄）/下图

周城村内广场，前有枝叶繁茂的大青树两棵，后为戏台，浓荫下是本村商贸集市。节日时，大本曲艺人上台献艺，群众歌舞狂欢。这里是本村商贸、文化、娱乐、集会的中心，即村镇的"客厅"。

街巷由广场向四方伸展，道路以青石板或卵石铺地，雨天不泞，晴天无灰，较为洁净。民居沿街巷修建，一户一院，房屋毗连，环境幽静。巷内分枝小巷、井台和小商店前的开阔空间，给呆板的线状街巷增加了变换和情趣，精美的山墙，清丽的墙饰又为它增添浓郁的民族风韵。





图2-8 周城的小巷（于冰 摄）
图为东西向小巷，远处是苍山。民居毗连，构成幽静的乡村交往空间，衣着鲜艳的白族姑娘们在井边聚会交谈。巷边原有水渠已被封盖。

# 三、统一而灵活的建筑格局

白族自唐南诏以来通行汉文，是民族文化相互交流的良好条件。在居住文化方面汲取汉族四合院形制，结合自己的具体情况发展成具有民族特色的院落式住房。外与自然环境的山、水、路协调，内是一个安全、吉祥、封闭的优美环境。

住房以三间两层，底层带“厦廊”的建筑为一建造单元，称为一坊。尺寸与用途已基本定型。底层明间为堂屋，是家庭生活的核心和待客处，次间是卧室，明间后部有楼梯上楼，楼上三间敞通，明间供神，次间做贮粮杂用。各户住房以一坊为基本单元进行灵活多变的组合，成一坊、两坊、三坊（三合院）、四坊（四合院）、重院等形式。

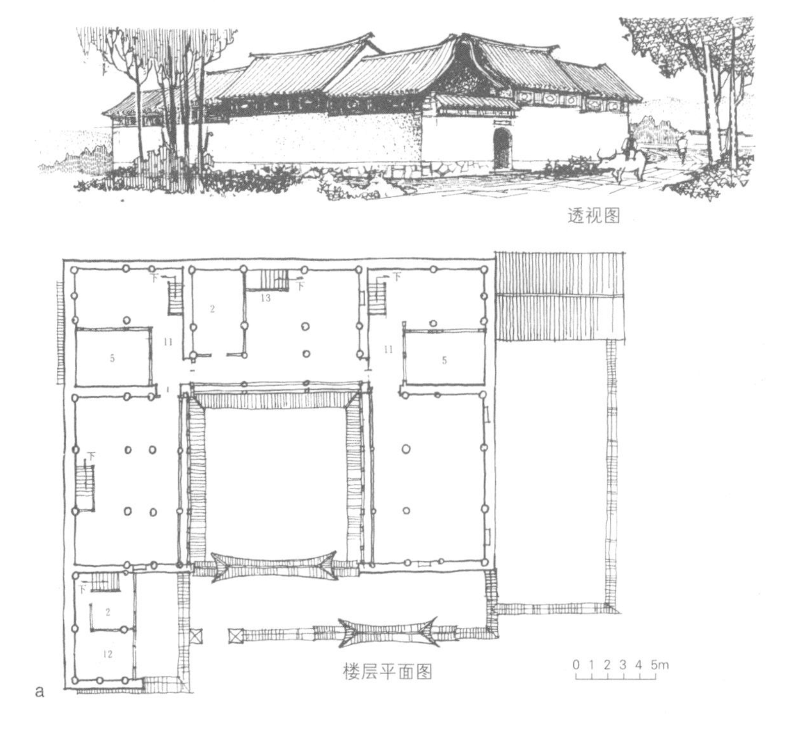


透视图

楼层平面图

a

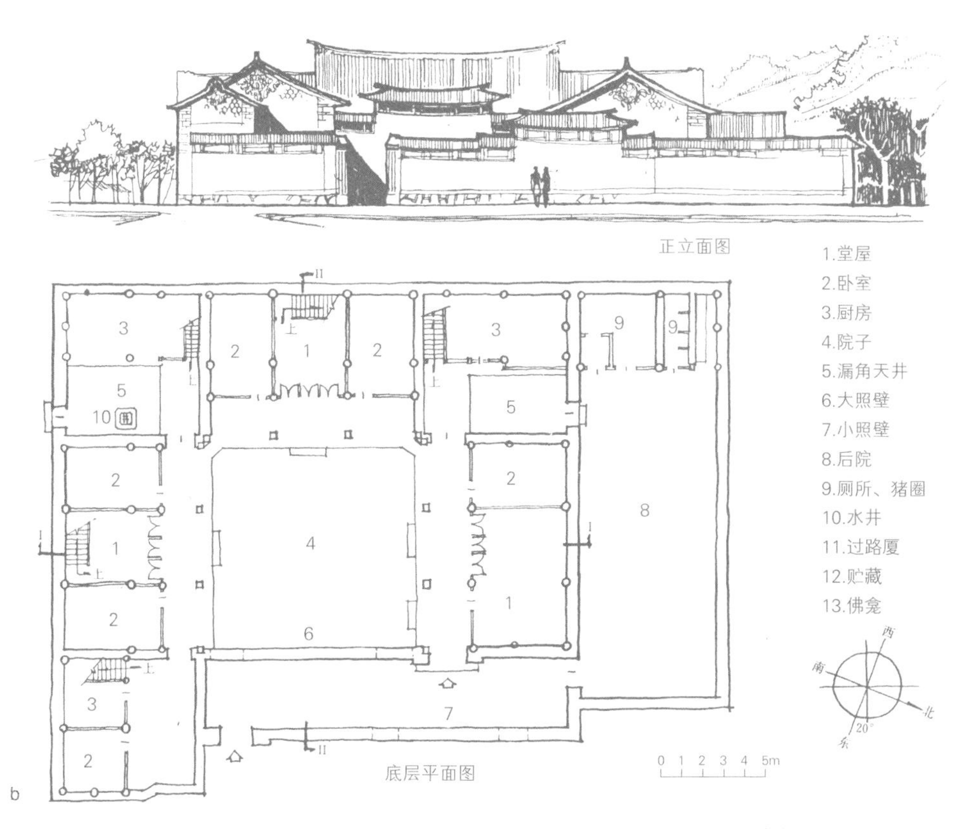


**图3-1a,b 三坊一照壁住宅平面、立面图及透视图**

三坊一照壁组成的住宅，主院一侧有杂用院，主次分明，功能合理。大门前为空旷田野，门外建一照壁，以保富贵平安，并设一入口巷道，增加曲折隐蔽，避开直冲的不利。（引自《云南民居》，中国建筑工业出版社出版）

白族是一夫一妻制的小家庭，子女成家后一般即分炊另住，有利于弟兄妯娌间和睦相处。一对夫妇的家庭一般建房一坊称“独坊房”，厨房在房屋一端，用墙围成院落。兄弟二人组成的家庭常建房两坊，组成曲尺形或“二”字形，兄住正房，弟住厢房，各坊都有楼梯通楼上，可成各自独立的生活环境，厨房在两坊相连的角上，也用墙围成院落。需要时可扩建成三坊一照壁形式。经济较富裕人口多的家庭建三坊及一照壁组成院落，称“三坊一照壁”；或由四坊组成院落，称“四合五天井”，房屋垂直相连处形成四个小院，称“漏角天井”，连同房屋相围的中心大院共五个天井而得名。晚期有将单层厦廊改为二层，楼上走廊可相互串通，称“走马转角楼”，楼梯则从各堂屋移至漏角天井中，上下不再通过堂屋，既方便又为堂屋创造一个安静的环境。三（四）坊中以正房底层明间的堂屋是家庭主要待客处，楼上明间设祖先神龛，常做成三间牌楼形，中部宽高，两边低窄，下部设雕花门窗，有的木雕极为精美。楼层是客人不到之处，可想这些木雕不是为供人欣赏而作，只能说是表“孝”心了。如胡建国著《大理民族建筑艺术》中介绍巍山某民居的木雕佛龛，是“出自剑川木匠之手，相传两个工匠用了整整一年时间才完成。佛龛上共雕有五十余种动、植物图案”，如“双凤朝阳”、“二龙抢宝”、孔雀等，形象生动，雕技精湛，堪称一绝。可惜现多已不存在了。厢房明间为一般待客或书房，次间为卧室。三坊中正房地面较厢房高30厘米左右，差距虽小但仍显示了高低有

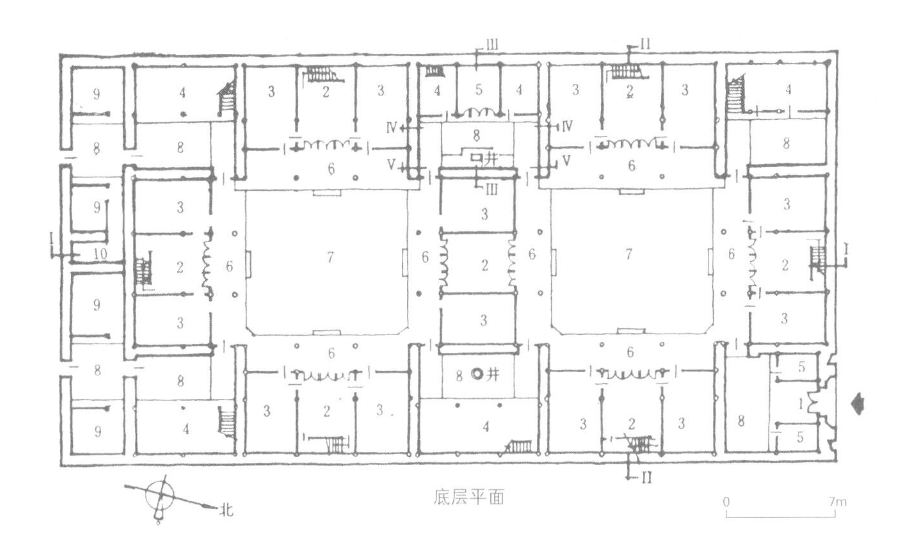


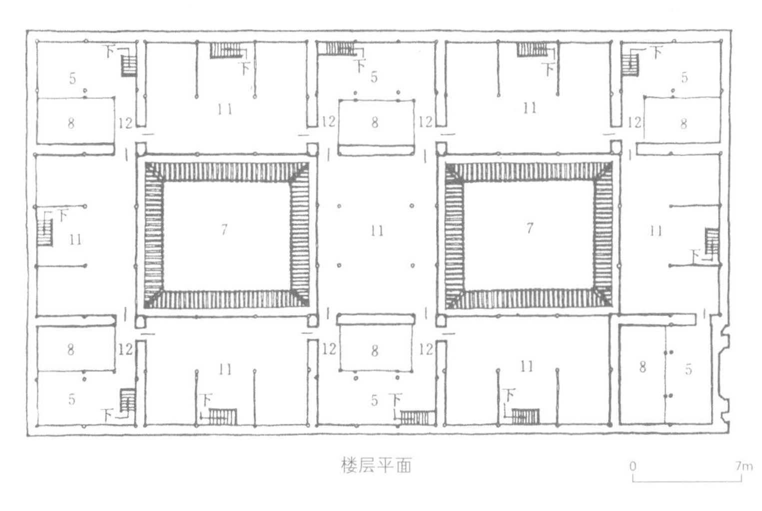


1.大门；　2.堂屋；　3.卧室
4.厨房；　5.贮藏；　6.廊子
7.院子；　8.漏角天井；9.猪圈
10.厕所；　11.杂用；　12.过路厦

**图3–2 四合五天井重院平面图**

重院由两个四合五天井横向组成。宅后杂用房基地狭小，由两个漏角天井进入，主辅房屋分区明确合理。入口在宅前左角，经漏角天井进入内院，造成入口的转折幽曲。（引自《云南民居》，中国建筑工业出版社出版）

图3-3 门楼与风水照壁
白族风水观认为，大门外是空旷的田野，对住户不利，故在门外正前方建照壁，以保福财不外泄。此门前三滴水照壁成环抱形式，与门楼组成一幅秀丽的画面。

别。房屋中轴线明确，规整对称，主次分明。白族盛行宗法制度，十分讲究长幼有序，长支为大，长辈住正房，晚辈依次先左厢后右厢居住。重院是由三坊一照壁或四合五天井作纵向或横向组合成多院式，为经济雄厚，长辈不愿分家，人口众多的几代同堂的家庭的住房，如喜洲原严家四代同堂的房屋，前后共五院，按长幼尊卑居住。

建房是一个家庭的大事，不仅要适用和经济，还要趋吉避凶，家宅平安。首先要选定朝向。俗话说“住房莫住东南方”，是指正房莫坐东向西或坐南朝北，是有一定道理的。唐樊绰《蛮书》载：“凡人家所居……上栋下宇，悉与汉同，惟东西与南北，不取周正耳。”大

图3-4 “四合五天井”内院
内院走廊为两层走马转角楼形式，房屋的楼上、下均可串通，交通方便，是有所改进的晚期建筑形式。

理地形西依苍山，东临洱海，地势西高东低，房屋背山面水、后高前低，环境决定了主房朝向东方最为有利，不能称之为“不取周正”。又有“正房要有靠山，才坐得起人家”之说，即将正房主轴线的后端对准一个认为吉利的山峦，忌对山箐或空旷之处，这一带山峦都在西边，主房自然也是东向了。

大门是进入宅内的第一关口，不仅在功能上要安全适用，外观上形象优美，而且又是财富门第的表象，“宅的吉凶全在大门”，所以更要求趋吉避凶，保宅平安兴旺。大门位置的选定就十分重要了。按风水的“左青龙，右白虎”之说，白族大门开在住宅的前左方，即吉祥的青龙一方，谓“宁叫青龙高万丈，不让白虎抬头望”。如果基地与门位的开设有矛盾时，则宁建一自用巷道，来保证风水的要求，以换得吉利。大门又忌对空旷处，如是则在门外正前方立一照壁以关锁财富不外泄。有的因大门外道路位于空旷处，故再设一巷道避直冲求曲折，即风水所谓：“既辨门时更辨路……弯弯曲曲抱门前，形似金鞭玉带护。”

为了保证庭院的隐秘，在住宅的入口处设一条曲折的通道，如三坊一照壁式民居门内设屏墙，并在墙上进行美化或写诗词，以得曲径，使内院不受视线干扰。四合五天井式民居，入口设在东北角的漏角天井中，进门后再西折经过二门进入内院，两门相错，是按照风水的“偏正焉第一法”，以求得空间的曲折。这个作为前导的小院甚为雅致，以表达主人的风雅。

建房仪式很隆重，上梁需选择吉日，届时梁柱披红挂彩，房主焚香祭祀，并大摆宴席邀请村中老小共同欢庆，求家宅吉庆平安。节日张贴门联或神像，早已成习俗。

# 四、『风吹不进屋是一宝』

大理风大，名闻遐迩。自西南来的高原季风被屏列的苍山阻挡，而从西洱河出口的峡谷，夺谷而出，风力强劲，所以下关被称为“风城”。曾有人来到下关，帽子被大风刮去，追赶了一条街，方被对面来的小学生抓住，令人颇为感慨。有“神话王国”之称的大理，人们给“风”编织了动人的故事：传说南诏王有位公主与一年轻猎人相爱，结为夫妻，因父王反对，将猎人害死打入海底，公主愤郁而死，化为一朵白云，一出现在苍山上，顿时，狂风大作，吹得洱海波开浪裂，直把海水吹开夫妻相见，这云才慢慢散去，洱海恢复平静，于是，人们就把这朵白云叫“望夫云”。

如此大风地区，避风是建房需考虑的重要因素，故有“大理有三宝，风吹不进屋是一宝”之谚。注重房屋背风，且外墙不开窗，不留进风的间隙。房屋用硬山封檐，各种形式的封火墙、房屋后檐等均用石板封檐，即在墙和屋顶相结合处加一道薄石板，密排拼装，挡住

图4-1 落雀台细部
（陈谋德 摄）
虽仅为一防火构件，但仍在檐下墙面上粉刷框格，绘上山水、花鸟，加以美化，体现了白族建筑的传统风格。

图4-2 落雀台——转角封火墙（王翠兰 摄）
下关有“风城”之称，民居步步设防，以避大风，故有“风吹不进屋是一宝”的谚语。合院房屋垂直相交的空隙处建有转角封火墙，以拒风于院外，就是避风措施之一。

墙与屋顶的间隙，避免风将屋瓦吹掉。1949年后，大理新建瓦顶房屋曾用常规出檐做法，没有采用石板封檐，就遭到大风揭屋瓦，方体会到大理石板封檐的妙处。

合院房屋的平面布局不同于中原汉族的四合院各房不相连的情况，而是各房相连，院子较封闭，但内院各房采用厦廊式，楼层较底层后退一廊子的深度，扩大了院子上部空间，增加舒展感。因而带来了两房相连处楼层屋顶出现间隙，在这里又修建一道半八边形封火墙（又称落雀台）挡风吹入。这些因地制宜的措施起到了好的效果，古书上曾有这样的记载："外面狂风呼啸，屋内灯影不摇"，说明把狂风拒于屋外，确是大理民居的一个特色。

图4-3 石板封檐

（陈谋德 摄）

为防大风揭屋瓦，屋顶用硬山式，并以青石板封檐，是大理白族民居别具一格的防风措施，图中近景即是。远处"苍山雪"下是喜洲村镇。

# 五、秀丽雅致的建筑风格

白族人民在秀丽的山川与灿烂的文化陶冶下，孕育了喜爱艺术的民风和独具一格的建筑艺术。民居以优美的造型，清秀的装饰，素雅的色调，精湛的技术，构成了秀丽雅致的建筑风格。

华丽的门楼和秀美的照壁是民居建筑装饰的重点，并列于住宅正前方，形成了白族民居的重要的特征。民居因功能不同，房屋进深、开间有大有小，产生了屋顶高低错落，组成了丰富生动的民居轮廓。屋架构造特殊，至今一直沿用宋《营造法式》规定的“生起”（当地称“起水”），三间房屋的两端屋架升高三寸，构成屋顶轻盈柔美的凹曲线。又因房屋毗连，易受火灾，因此普遍采用硬山屋顶和封火墙，从而产生了人字、鞍形、半八角形、多弧形等多种形式的封火墙，为凹曲的屋顶更增姿添色，构成白族民居屋顶的显著特点。因风大外墙不开窗，大片墙面加以装饰取得悦目效

图5-1 三坊一照壁外观
（陈谋德 摄）
入口位于宅前左方。门楼是户主门第财富的象征，经过刻意装修，绚丽多彩。由于建有照壁，不仅内院绰约多姿，宅前背面也清秀雅致。壁前花台上镶嵌着天然图画纹理的大理石，上种花卉，组成和谐优美的外观。

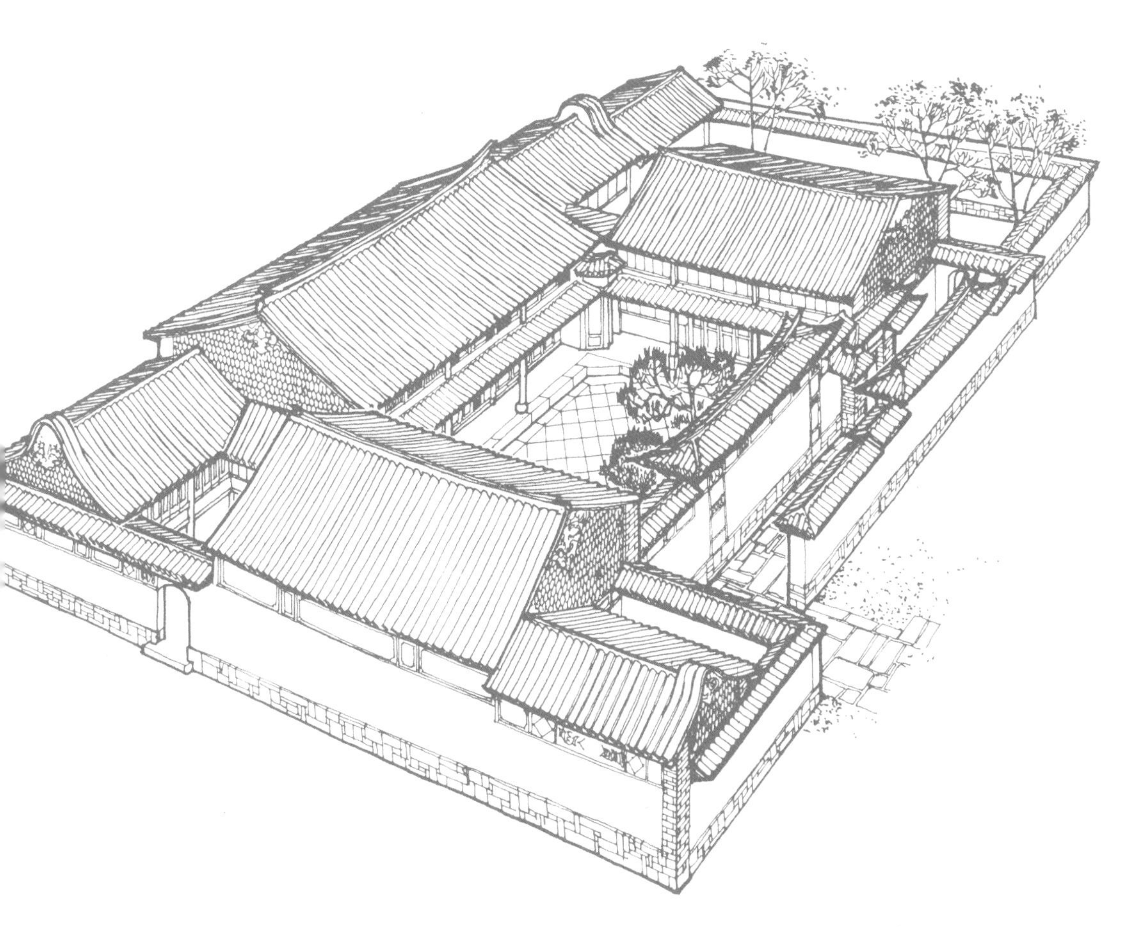

图5-2 秀丽的三坊一照壁住宅

本户三坊一照壁住房随地基特点有三个漏角天井。内院由传统的厦廊围绕。各坊楼层通过漏角天井中的二层单坡走廊相连。大门外前方建照壁，以保财得福，并设专用巷道，使入口更为曲折，以求吉导福。（引自《云南民居》，中国建筑工业出版社出版）

图5-3 四合五天井外观

（陈谋德 摄）

本图是由四合五天井倒座房和设于漏角天井的大门及厢房山墙组成的院落外观。图中造型优美的大门、倒座后檐下的带状装饰、腰厦与大门右侧围墙呼应，和半八边形的封火山墙等构成一幅和谐、俊雅的风貌，耐人寻味。



果，也是白族住房的传统；在灰色屋顶群中山墙光面较为突出，易受注目，白族人民在墙面抹砂灰的基础上加粉千姿百态的白色山花，特别醒目。其下挑出的小屋檐称“腰带厦”，既将雨水引流墙外，以减少对土墙的冲刷，又自墙面凸出，有光影效果。腰带厦常与围墙顶的瓦屋檐连成整体，使山墙墙体向横向扩展，取得稳重大方的构图效果。腰带厦下的墙面则作水平带形装饰，粉出不同形式、大小的框格，在其中用水墨淡彩描绘花鸟山水。后墙檐下亦作同样装饰，其下为白色墙面，条石勒脚。如此美化装饰，使整体外观有轻重、色调、光影的对比，给人以清淡雅致的印象。

民居不论大小都根据主人的财力进行装饰，已成传统。内院各种构件都有繁简不同的美化，木雕精美，泥塑山水花鸟形象生动，不少处嵌有珍贵的水墨花（亦称彩花石）大理石，呈现的花纹像一幅山水图画，并题诗文佳

**图5-4 活泼多姿的建筑风貌**（王翠兰 摄）/上图
高低错落、凹曲柔美的屋顶和各种形态的山墙、山花，以及绚丽的大门，在白色墙面衬托下，组成了活泼轻盈、优美多姿的建筑风貌。

**图5-5 苍山下的喜洲民居**（陈谋德 摄）/下图
简洁的白墙青瓦和鞍形封火墙上醒目的白色菱形山花，烘托着装修精美的大门，在远处苍山洁白晶莹的冰雪映衬下，更显得清秀淡雅。

图5-6 别具一格的墙饰（陈谋德 摄）
鞍形封火墙上，泥塑着比例匀称的菱形白色大山花，其下为防雨水侵蚀土墙而挑出腰带厦和后墙下简洁的装饰，组成民居别具一格的墙饰。

图5-7 民居的一角（于冰 摄）

将入口大门的周围墙面外贴六边形或条形砖饰，白灰勾缝，简美醒目。这一小小改进，避免了土墙面层因被雨水浸蚀而产生的破旧缺陷，获得整洁美好的效果。

句增加诗情画意，表达“文献名邦”的儒风，成为白族民居内院装饰独树一帜的风格。富裕人家尤重装饰，特别是喜洲经商致富者的住房装饰都十分精美。如喜洲现为民居文物保护单位的原杨宅、民俗博物馆的原严宅和田庄宾馆的原董宅等。

图5-8 喜洲东安门内大界巷建筑群（陈谋德 摄）
大界巷东端按“藏风得水”的风水观，建东安门收尾。远处即苍山。巷内民居毗连，具有浓郁民族风格的门楼、山花、檐下装饰与白色墙面对比映衬，体现了秀丽雅致的民居建筑风格。

# 六、温馨的庭院

图6-1 三坊一照壁内院
（陈谋德 摄）
图为一重院的前院——“三坊一照壁”。廊为两层的走马转角楼形式。宽敞的走廊，精致的木雕，春意盎然的绿化，组成宁静舒适的内院空间。



白族民居都有一个富有人情味的庭院。这是一个安静、隐秘的生活空间，既能赏心悦目，又是家庭生活必不可少的。

“三坊一照壁”和“四合五天井”式民居的中心庭院是家庭生活的主要空间，漏角天井的小院中则作厨房杂用，两者之间有墙隔离，可以免除烟气、噪声侵扰。这种布局十分合理，确保了主要生活空间的恬静舒适。尤以“三坊一照壁”的庭院易于美化布置，故深得白族人的喜爱。这种形式的住宅，在院子东面是照壁，其高度较住房低，视野开阔，又能较早地迎来东升的太阳，而且冬季便于纳暖避寒。还有一个好处是，白色照壁的反射光可增加院子周围住房的亮度；在照壁前种植花木，再配上一幅山水花鸟的大壁画，作为正房的对景，一个颇具文化气氛和人情味的庭院便成功了。

图6-2 “四合五天井”内院（王翠兰 摄）
内院廊子为单层厦廊式，四坊厦廊相通，廊外侧设通长条窗，房屋交角处有围屏及落雀台；院内种植花卉，是一个较为典型的白族民居内院。

图6-3 妙趣横生的庭院（陈谋德 摄）/前页

大理人爱花，有"家家爱花，户户养花"的美称，院中种植山茶、缅桂、花卉等，五彩缤纷，花香四溢，引进大自然之美，创造了一个妙趣横生的建筑美与绿化美相辉映的庭院。

白族人民在节日或办红白喜事时，有在院子和廊子上摆筵席待客的习俗，所以廊子进深较大，一般约有两米。宽大的廊子也扩大了院子的空间感。正房堂屋是待客处，内放木雕精美的条案、八仙桌等，墙上挂福禄寿楹联和大理石画屏，书香气颇浓。正房前的廊子是堂屋空间的补充。由于廊内不受日晒雨淋，坐在廊中视野舒展，近处有雕刻玲珑的门窗和廊檐木雕，廊端是称作"围屏"的墙面，常常镶嵌大理石画，令人赏心悦目。这是一个宜晴宜雨的空间，一家人常在此活动，亲友造访，也多在廊上逗留。

大理人爱花之风是在独特的大自然熏陶下形成的。苍山有个花甸坝，每年从春到秋鲜花盛开，五彩缤纷，被称为花的海洋。明代大理著名诗人李元阳曾写道："南中山茶披陵谷，家家移种成风俗"，可见那时已有家家种花的习俗了。

山茶花是大理名花，被誉为"云南山茶甲天下，大理山茶冠云南"。至今户户爱在院中栽培山茶、杜鹃等花卉若干盆，四季飘香。今人李宝钟的即景诗："六诏山河在，物华源汉唐；望云千浪涌，喜雨满庭芳"，"景风诗社"社长赵丰诗："三方照壁满庭花，白族居庐耕读家"，都是对白族满庭花香的赞誉。大理人爱花确有十分悠久的历史。大理还有"朝花节"，每年夏历二月十四日家家都把自己的盆栽花卉摆在门口，搭成花山，相互观赏，真是"香风满道"了。爱花的民俗还体现在茶

图6-4 在走廊上刺绣的金花们（于冰 摄）

在可遮风避雨、充满阳光的走廊上，金花们正在交流刺绣的经验和心得。

社，20世纪60年代初尚可见大理永馥茶社内茶座三五一组，由花蓬绿篱围成一个半私密的空间，颇有风趣。户户院内养花之俗至今犹存。

白族民居庭院，在精美的建筑环绕中四季花卉盛开，香气袭人，文化氛围、自然美景融为一体，幽静恬适，怡然自得，趣味无穷。

# 七、绚丽多彩的门楼

图7-1　朴实简洁的三滴水门楼（于冰　摄）
门楼瓦顶檐角翘起，檐下装修较简单，粉横条并分格，两翼砌清水砖墙，上塑红色节日插香槽，下为条石勒脚，外观简洁朴实，蕴含着白族建筑的传统风韵。

图7-2　绚丽的三滴水门楼（陈谋德　摄）/对面页
图为传统的三坊一照壁民居门楼，翼角高翘，展翅欲飞。轻盈精美的屋顶和檐部与其下简洁方正的门柱形成鲜明的对比，外观稳重而又飘逸。



大门是民居划分内外，纳福迎祥的地方，并是户主地位的表象，也是进入住宅首先注目的对象，甚被重视。最华丽的门楼精美绝伦，是民居建筑艺术的精华。

门楼形式有体现传统建筑文化的有厦门楼和受外国文化影响的无厦门楼两大类。有厦门楼分一滴水和三滴水两种形式。一滴水门楼装修简洁，朴实适用；三滴水门楼为三间牌楼形制，装修繁简有别。一般装修是在庑殿式屋顶下做木质或砖砌简洁装饰，砖或石砌门柱，外观匀称，和谐优美，采用较广。富裕人家的门楼，特聘技术精湛的匠师，不惜千金刻意装修，追求华丽堂皇。无厦门楼均无顶，形式各异。

精美的门楼木雕多出自剑川匠师之手，他们的手艺有悠久历史。清张泓在《大理行记》中写道："滇之七十余州及邻滇的黔、川等省，善规矩斧凿者，随地皆剑民。"传说：鹤

喜

**图7-3 无厦门楼**（陈谋德 摄）

无屋顶，门楣上用匾额形式书写“司马第”三字，显示户主门第。左右门柱前置石兽。圆拱门、尖顶等，均是受国外文化影响而产生的形式。

图7-4 三滴水门楼（陈谋德 摄）
门楼为传统三滴水形式，檐下斗栱层层叠叠，下为重重透雕花枋，施棕色油漆，以突出木雕精美。整座门楼华丽多彩，美不胜收。

庆欲建鼓楼，争建者很多，采用木匠自做木马浸水，观察榫口浸水深度来选拔，结果一般浸水都在三分三以上，独剑川木匠的木马浸水一分三，榫口甚严，技术超群，从此美名远扬。

华丽的三滴水门楼为半庑殿式屋顶，翼角高翘，轻盈如飞。檐下做木质小斗栱，架设在不到2米宽的大门上达六垛六跳之多，并有斜栱，又将斗栱端部挑头雕以龙、凤、象、草、八宝莲花等。层层叠叠如花似锦，令人眼花缭乱。斗栱面施油漆，有的仅施棕色油漆，以突出雕刻的精美；有的作彩画贴金，显得富丽堂皇。斗栱以下是重重透雕花枋华板，玲珑剔透。两侧八字翼墙，用砖雕图案装饰，下部用薄砖砌框格，内镶山水风景大理石，或彩塑花卉，题写佳句；有的在两边翼墙上镶大块水墨花山水景大理石。一座小小门楼用木、泥、砖、石及作画题诗，装扮得琳琅满目，绚丽多彩，又不失稳重大方的整体风韵。被定为文物保护单位的杨宅，门楼保存尚完好，据说其造价十分可观，相当于造一坊房屋的钱，只有富豪之家才能如此修建。这座门楼的木构件有数百个，均用榫接，无一铁钉，唯有剑川木匠才能将这些木构件严丝合缝地拼装起来，不但外观精美，而且坚固，经历了多次地震，仍完好无损。





图7-5 三滴水门楼细部（陈谋德 摄）

飞檐下木质斗栱和斜栱层层叠叠，已十分精美，又将斗栱端部挑头雕成凤、象、花草，斗碗雕成八宝莲花，以及透雕华板等，更加令人目不暇接。构件数百个，全为榫接，显示了白族建筑技艺的精湛。

# 八、绰约多姿的照壁

图8-1 漏角天井照壁
（王翠兰 摄）
四合五天井入口第一空间的漏角天井内，正对入口的墙面被装饰成附壁式照壁。上有腰带厦，下粉各种框格，格内设泥塑、绘画，壁心直排四字佳句（字已毁），造型典雅大方。

图8-2 清秀的小照壁
（陈谋德 摄）/对面页
图为漏角天井中二门侧墙面上的小照壁，壁面蜂巢花纹韵律优美，中心一块圆形苍山云海风景大理石，配置得当，气质不凡。

照壁是白族民居建筑的精华之一，其造型、功能、装饰都明显与中原地区照壁不同，是吸取中原文化，结合本土情况，创造的有浓厚民族特点的照壁。

白族照壁分一滴水和三滴水两种类型。一滴水照壁独立于村镇入口的是“风水照壁”；附着于墙上的是附壁式照壁。

一滴水照壁顾名思义是“一”字形，上有一滴水庑殿屋顶，砖瓦砌屋脊通透玲珑，屋顶呈凹曲弧形，翼角飞翘，是构成照壁柔美灵性的关键；檐下粉框格，壁体两端砌砖柱；白色壁面中心横排四个大字，如“苍洱毓秀”、“金碧联辉”等，下为条石勒脚，造型清秀稳重。另一种附着于壁体的一滴水照壁，一般是在“四合五天井”的入口漏角天井中，起着“第一印象”的效用，精心装饰，以示户主情趣的高雅。它是将正对入口的墙面挑出有小屋檐的腰带厦，下及左右边柱用薄砖砌出形状各

异的框格，围合成照壁，框格中镶山水景色大理石，或绘画花鸟，并题格言佳句，壁心为直排四个喜庆性或显示家族声望的大字，如“书香世美”、“风流翰苑”等，也有在壁心镶嵌风景如画的大理石，造型优美，风韵不凡。

三滴水照壁用于“三坊一照壁”民居，是院墙经过美化处理而形成的。将正房对面的围墙垂直分为三段，中段宽高，两边窄低，上覆庑殿式屋顶，构成比例适度，造型优美的壁体。壁面装饰有繁简之别，一般人家纯朴简洁，富裕人家典雅精美。



富裕人家的照壁屋脊凹曲柔美，翼角高翘，富有飘逸的动态美。檐下斗栱或垂花挂枋密密排列，再下面是联额部位及两边侧柱，塑出形状、大小各异的框格，格中镶天然风景画大理石，或泥塑花卉山水，有的还将花枝鸟翅伸出格外，倍加生动，并题佳句，表达情怀，以示风雅。壁面全白色，中

图8-3 三滴水照壁之一
（陈谋德 摄）
照壁屋顶柔美，飞檐轻盈，白色壁体比例匀称。壁心虽无装饰，但典雅的风貌优存。周边框格中均有书画。两边大片白墙上还有大幅水墨山水画，作为院内对景，更显出诗书传家的文化氛围。

图8-4 三滴水照壁之二

（于冰 摄）/上图

图为文物保护单位喜洲杨宅的内院照壁，造型秀美，壁心的圆形大理石画面为苍山洱海风光，框格及花台上也有天然图画纹理的大理石镶嵌，在绿树掩映下，显得更为典雅大方。

图8-5 三滴水照壁细部

（王翠兰 摄）/下图

图为照壁边框中的泥塑花饰，在小小框格中塑出山水、树木、房屋、凸出凹进，层次分明，形象生动，反映了大理泥塑艺术的精美。

心用泥塑花边围绕着一块精选的圆形大理石，以其神奇的山水云海风景产生画龙点睛效果。或直排四块方形白色大理石，刻字贴金，书法遒劲，寓意颇深，一为表现住户家风，如“清白传家”、“琴鹤家风”、“修身齐家”等，一为表示幸福吉祥，如“紫气东来”、“彩云南现”等。照壁的下部为稳重齐整的条石勒脚。照壁色调以青白为主。由于担负院落的围墙功能，保存至今有些尚完好，但其上的装饰，很多已被损坏了。

一段围墙经白族匠师精心设计调配，便成为一座绰约多姿的照壁，令人叹为观止，它是白族民居的重要特色之一。



图8-6 三滴水照壁之三（陈谋德 摄）
壁心直排四个大字“修身齐家”，三面框格中有书画，以示家风儒雅，是照壁装饰的另一种形式。

# 九、『山花』烂漫的山墙

**图9-1 鞍形山尖的山花**（王翠兰 摄）/上图
在山尖花饰中塑着莲花和升，上插着三只戟，喻义"连（莲花）升三级（三戟）"，祈求升迁。

**图9-2 人字形山尖的龙形山花**（王翠兰 摄）/下图
山尖内塑大龙吐水，形象生动，喻义"龙吐水"、"免火灾"。

图9-3 鞍形山尖的仙鹤山花（王翠兰 摄）
在山花的圆圈内塑仙鹤，四方为蟠桃，意为“团鹤仙寿”长寿之意。用淡雅的黄蓝白三色衬托，甚为醒目。

山墙装饰，是白族民居的另一个特色。特别是山墙上的山花，以白色为主，个别还点缀着黄色、蓝色，在青灰色薄砖底衬的配合下，显得典雅秀丽。山尖有多种造型，一般用长形或六角形的薄砖贴成各种几何花纹，如蜂巢、水波、人字纹等，有较强的韵律感，不但朴实大方，又能增强防雨效能。山花的处理更为丰富，用泥塑成各种喻义吉祥幸福的图案，祈福求寿。概括起来有谐音、喻义（象征）、符号三种方式：谐音是取音相同或相近的物象寓意，如莲花、升和戟组成的图案为“连（莲）升三级（戟）”、蝙蝠和太阳组合的图案为“福（蝠）自天（太阳）来”。喻义是将一组画面表达象征某种好的愿望，如“大龙吐水”喻义龙吐水防火灾、保平安；鹤与桃组合象征为团鹤仙寿，是长寿之意；用“车”字等组合

**图9-4 圆形山尖的“车”字山花**（陈谋德 摄）/上图

圆形的山尖下，内塑一花饰环绕的“车”字，意喻“学富五车”或“车载斗量”。四角亦有花饰，构图优美。

**图9-5 人字形山尖的盘长山花**（于冰 摄）/下图

山尖塑蜜蜂、如意纹，与中间佛家八宝的黄色盘长纹穿插组合，喻义连绵不断、吉祥如意。在黑白蜂巢图案衬托下，十分醒目。

的图案，意为“才高八斗”、“学富五车”财宝可车载斗量；福、寿等字代表多福多寿。符号是用传统的图形、图案表吉祥、愿望，各种形态的如意纹饰原是佛教的佛具，也是八宝之一，逐渐发展为表示吉祥的形象等。山花制作有泥塑、彩绘不同，形象都很生动，线条流畅，构图优美，洋溢着白族人民的智慧和情趣。

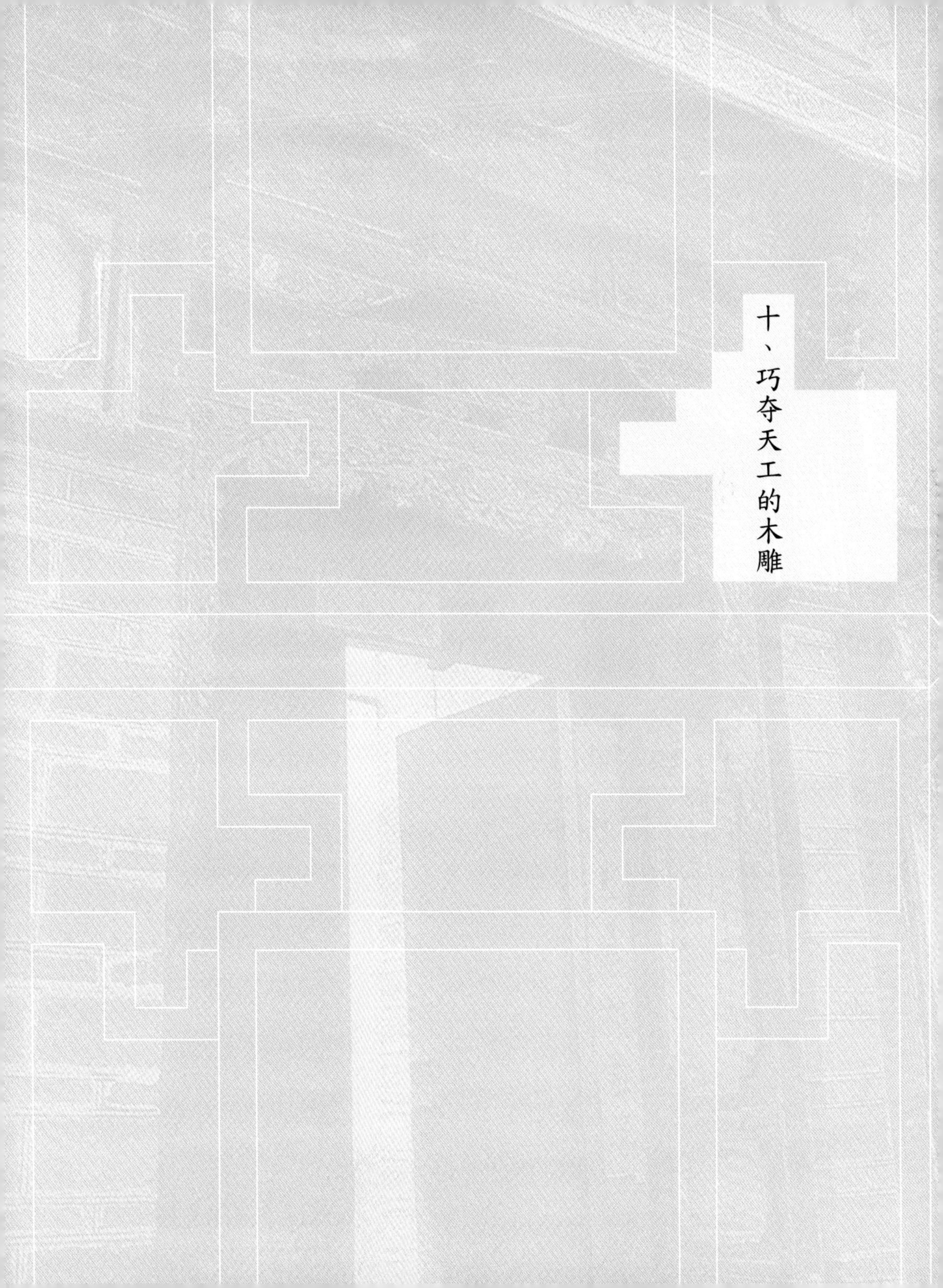

# 十、巧夺天工的木雕

图10-1 多层透雕的格子门（于冰 摄）/上图
槅心在连续“卍”字纹上透雕花鸟，寓意深长，如“室（石）上大吉（鸡）”喻义古祥，“松鹤图”象征长寿。裙板上有狮、麒麟等吉祥鸟兽浮雕，上绦环板雕有寿字，中绦环板透雕，下绦环板浮雕花卉鸟兽等，栩栩如生，精美绝伦。

图10-2 精雕细刻的格子门（王翠兰 摄）/下图
槅心为花鸟透雕，形象生动，线条流畅。裙板为动物图像，概括洗练，神采奕奕。外施油漆，重点贴金，锦上添花，更加引人入胜。

剑川是木匠荟萃之地，代代相传，有“木匠之乡”之称。他们的技术精湛，自制的雕刀即多达40余种，被誉为“鬼斧神工”。

民居木雕比较集中在廊檐门窗上，正房明间底层安装的六扇格子门又称隔扇，是门窗装修的重点，民居不论大小都安装雕花格子门，只是雕工有繁简精粗不同而已。格子门的形式和尺寸均已定型，一般可在市场购买。富裕人家的格子门，则专聘技术超群的匠师制作，雕工极为精美。

一般格子门的上段槅心为二三层透雕，既美观又便于通气透光，内容多为花鸟虫鱼等；下段裙板为不透空的浮雕，内容多为龙凤、麒

图10-3 格子窗棂（陈谋德 摄）
漏角天井小院楼上格子窗棂，连续斜十字纹，窗棂中点缀小花头图案，颇富韵律，甚为空透，构图简洁，耐人玩味。

麟及花鸟等。富裕人家的格子门，因是客人进出必经之处，民居的"脸面"，故多聘请能工巧匠，制作成三五层透雕的花纹，内容大多为寓意为吉祥福寿一类。如鸡立于石上，意为"室（石）上大吉（鸡）"，"松鹤图"象征长寿，"喜鹊登梅"、"鹭鸶踩莲"隐喻喜庆爱情等，构图精美，形象栩栩如生。裙板为浮雕，造型朴实，概括洗练。如某宅的四层透雕格子门，槅心底层雕连续斜"卍"字图案，喻吉祥绵长；二层雕植物葡萄，三层雕云霞飞鸟，表层雕仙佛人物，并掺用圆雕手法，将相邻的两花纹的尖端部分离开一些，图像凹凸空透，前后穿插，玲珑剔透，巧夺天工，外施油漆，局部贴金，更增加绚丽吉祥气氛。这样的格子门每樘费工有的达千日，虽为富裕人家，

图10-4 栏杆木雕（陈谋德 摄）/上图

漏角天井小院楼上栏杆，上段挑出水波纹小栏杆，韵律感强，下段裙板为浮雕花饰。横直窗棂的格子窗下，有垂花柱，构图雅致大方。

图10-5 门楼精美透雕（陈谋德 摄）/下图

某宅门楼的弧面枋、花枋、垂柱、挂落上、均施多层透雕，内容有花鸟、文字（“车”）、“丹凤朝阳”等，寓意深邃，还使用圆刻手法，轮廓凸出，形象优美，似鬼斧神工，属木雕中的精品。

图10-6 二门精致木雕（陈谋德 摄）/对面页

某宅二门上三层门枋、雀替、华板、挂落，均多层透雕花卉、翎毛。栗色油漆，局部重点贴金，技术精湛，华丽雅致。

也只逢年过节客来时才装上，以供观赏。另备一樘较次的供平时使用。

底层次间花窗常见的雕花有梅花、古钱、绣球、冰纹等连续图案。梁头多雕动态的龙、凤、象、麟、兔等。廊柱插梁下的枋、雀替、栏杆及门头等多用透雕，雕技精炼，形象生动。

# 十一、天然国画纹理的大理石装饰

大理石产于苍山，初因能做建筑物的柱础，故叫“础石”，曾运往京城进贡，京都人就以来自大理而称“大理石”，后成为各地出产相同质量石料的统称。

大理石石质细腻，色彩秀美，有的显出的天然画面精美绝伦，真如郭沫若所赞：“苍山韵风月，奇石吐云烟”。这“美”还有一个动人的传说：苍洱奇丽的景色被王母娘娘得知，派专织彩锦的玉女去描摹苍洱景色织成云锦。玉女来到大理，与白郎相爱，结为夫妻。王母娘娘逼她回宫，玉女与白郎难舍难分，便把画稿撒落在苍山上，于是整个苍山的青石都变成了色彩斑斓的彩花石或洁白如玉的白玉石。从此人们就称这种精美的石头为“玉女石”，后来又称大理石。

大理石有纯白色，又名苍山白玉，洁白无瑕，晶莹可爱，建筑常用作柱础，或打成方块，于上题字装饰墙面；有的是云灰色，呈灰色水纹，称水花石，用以贴墙面或铺地；最为精美的是彩花石，色彩斑斓，显现的天然画面无异于出自丹青手笔，特别珍奇，可做成各种工艺品、屏风和建筑装饰供观赏。

图11-1 围屏大理石画之一（王翠兰 摄）/对面页
图为正房端山墙上的围屏，圆形彩花大理石为“云峰千仞”图，上部框内横幅大理石山水可谓“苍洱毓秀”。

一块彩花石料，经能工巧匠精心的打磨，可显现出云树山川，人物鸟兽，姿态万千，浑朴天成，美不胜收的图画，曾得到不少人的赞赏。明徐霞客曾描述为："块块皆奇，俱绝妙着色山水，危峰断壑，飞瀑随云，雪崖映水"、"云皆能活，水如有声"，不禁发出"从此丹青一家，皆为俗笔，而画苑可废矣"的赞叹。各种图景，均加诗词题款，如"山雨初霁"的画面题"远山翠百重，回流映千丈"；"余雪映青山，风碎池中荷"等，情思溢于石外，诗画浑然一体。无怪乎林则徐看到这些艺术品也要"欲尽废宋元之画了"。可见大理石的天然图画是何等奇妙！

图11-2 围屏大理石画之二
（于冰 摄）
景色显示奇山、云雾、飞鸟，上题诗句："玲珑怪石当生就，俊鸟飞鸣天空中"。

图11-3 门框上的大理石景
（王翠兰 摄）/对面页
长框中景色为"峰际孤桐"，上圆形框内为"鹿回头"，下圆形框内为麒麟头像，鹿与麒麟均为吉祥之物。

图11-4 大理石柱础

（于冰 摄）

某宅长方形柱础，上浮雕松鹤、竹石、锦鸡，寓意“松龄鹤寿”、“竹报平安”、“室（石）上大吉（鸡）”，祈求平安幸福长寿。

民居装饰的大理石画面正如上述，各种山光水色，珍禽异兽，应有尽有。照壁中心的大幅彩花石，如“江山多娇”、“层峦叠嶂”、“山雨初霁”；廊端围屏中心的大理石图像如“雪峰千仞”、“寒江雪浪”等；门楼、照壁、外墙装饰等框格中的大小块彩花石不胜枚举。善于遐想的白族人民，赋予这些神奇多彩的画面以艺术的想象，题款作诗，诗写画意，画添诗情，相得益彰，从而妙趣横生。

柱础多鼓形、瓶形、长方柱形等，上雕以花卉鸟兽或几何纹饰。地坪一般用云灰石拼砌水花纹；有的亦用白色块石，每块正中雕花卉鸟兽，增加美感又可防滑。

图11-5 大理石地坪（陈谋德 摄）

庭院外廊除大理石柱础外，下为方块大理石铺地，每块上刻花鸟及兽类，增加美观且能防滑，说明白族人喜爱艺术，因而其民居上无处不体现出这一点。

室内装饰有大理石图画挂屏，用数块彩花大理石画垂直排列成幅，悬挂于堂屋中供观赏。或制成各种工艺品放于案头，令人如置身于诗情画意的天然图画中。

大理石制品早已名扬海内外，北京故宫里春夏秋冬不同景色的大理石屏，人民大会堂云南厅内直径2米雕有孔雀的大座屏，以及其他大型宫殿陵墓，均使用了云南彩花大理石。

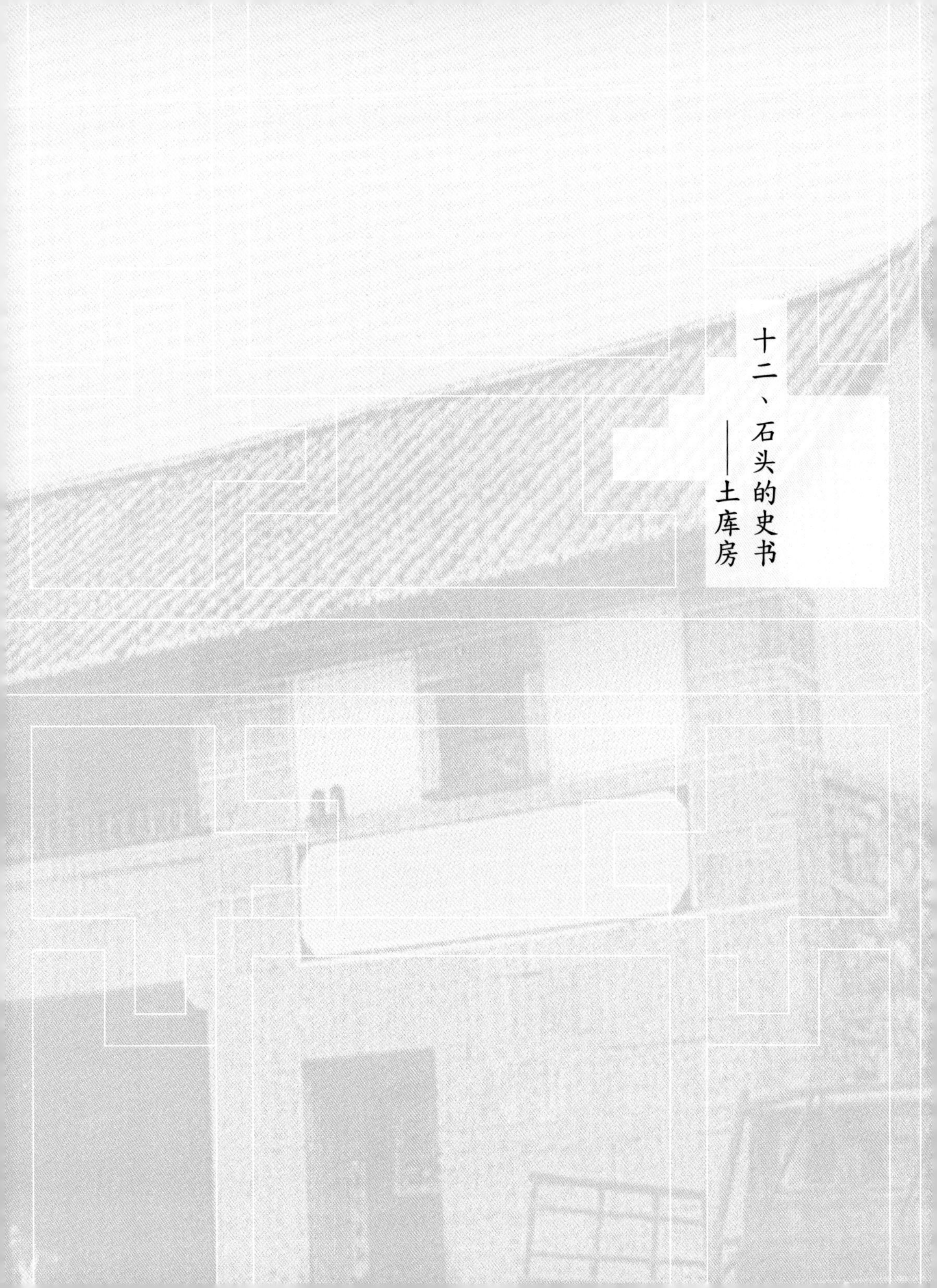

# 十二、石头的史书
## ——土库房

大理苍山十八溪山洪携带大量卵石奔腾而下，冲向洱海，年复一年，苍山下卵石遍地。远古白族先民就早已利用卵石建房了。唐《蛮书》记载南诏国首都太和城建筑："巷陌皆垒石为之"；后来的羊苴咩城，房屋也是卵石垒墙；当年城内最宏伟的建筑——五华楼的石头墙基遗迹犹存；大理古城中过去的白族民居也是卵石砌墙。由此可见大理民居卵石砌墙的历史久远。现在太和村及附近村庄还保留着过去垒石的遗风，房屋、道路、池塘、田埂等处都大量采用卵石材料，真是一个卵石世界，记录着人们的智慧。大理工匠有非常丰富的砌卵石经验。他们将不同形状和大小的卵石用于不同部位，在制服卵石易滚动的特性和加强整体稳定方面，积累了一套砌筑经验，有民谚称"鹅卵石砌墙墙不倒"是大理三宝中一宝的谚语。其主要措施是使墙体有上小下大的收分，墙角用较方整的块石砌筑。砌法分干砌、夹泥砌和包心砌三种。干砌不用浆，卵石大小搭配，小头向外，大头向内，多用拉头，压填要好。这样砌法费工但坚固，砌筑好的卵石墙，经数次地震仍能完好。但卵石墙终因砌筑难度大，质量不易保证，一般都不用来承重。夹泥砌即用泥浆灌缝，省工，但不如前者坚固，用于次要部位。包心砌是在墙体中填细小卵石，不能太高，多用于临时围墙。

卵石墙的房屋较封闭，故称"土库房"，又称"倒座"。亦为三开间两层为一建造单元，草顶，端山墙高出屋面，封火又防风。房屋底层明间前部辟出一较浅的凹廊，里面的堂

图12-1 朴实的土库房（王翠兰 摄）
墙体用大小方正的石块相间排列，门窗及墙面白色装饰块对称布置，外观整洁，朴实明快。

屋稍小，仍装六扇雕花格子门，是起居和待客处。次间分别为卧室和厨房。门和小窗对称设于前墙。楼梯左于次间中，楼上为一通间，存粮和放杂物。凹廊虽浅，但光线好视野开阔，家人在此活动也待客。

随着经济的发展，生活水平提高，住房的质量也在不断改善，除改用硬山瓦顶石板封檐外，卵石墙逐渐被块石墙所取代，将石料打成大小厚薄不同的条块，相间排列，凹廊廊檐过梁为一条跨度和明间相等的整石称“过江石”。门窗对称布置，又对称点缀几块黑灰框线围绕的白色粉饰，留出鸽子出入的小洞，外观简洁、朴素、美观大方，在绿树映衬下更显纯朴的乡土韵味。墙体全部用石料，不愧是“石头的史书”了。

# 十三、完善的抗震结构和措施

大理地处断裂带上，常有地震发生。据1959年编大理市志记载，从公元886年至1925年就发生过摧毁屋宇的大地震26次，1925年强震中全县人民死伤1800余人，房屋倒塌万间以上（《中国地震数据年表》1956年出版），所以群众都很关心房屋的抗震，找到一些抗震办法，以减少损失和伤亡。

抗震措施是：

1. 竖柱有侧脚，即有收分。四周柱子微向内倾，整个构架形成上小下大，有较好的稳定和抗震性能。这本是《营造法式》所定，因有利于抗震，至今仍沿用着。

2. 层高低矮。一般层高是上七（尺）下八（尺），房低则摆动幅度小，不易被震倒。

3. 五柱落地。屋架的五根柱子都落地，自然较稳。

4. 扣榫认真，多用串枋。白族匠师很重视扣榫串枋的抗震作用，除梁柱相交使用扣榫外，檩条与檩条，楼楞与楼楞及柁墩间都要扣好，地震时才不会被抽脱或拉断榫头。串枋即用三间长的整根木料穿过各屋架檐柱榫眼，将四榀屋架串连起来，各边上、中、下三道，中柱顶一道；各榀屋架的柱子，又用枋在地面和楼面横向串连起来。一幢房屋的屋架自地面、中部、直到顶上，都有纵横木枋串连，再加上檩条、楼楞间相互榫接，且所有构件的榫接，做工十分严谨密合，使构架的整体性和抗震

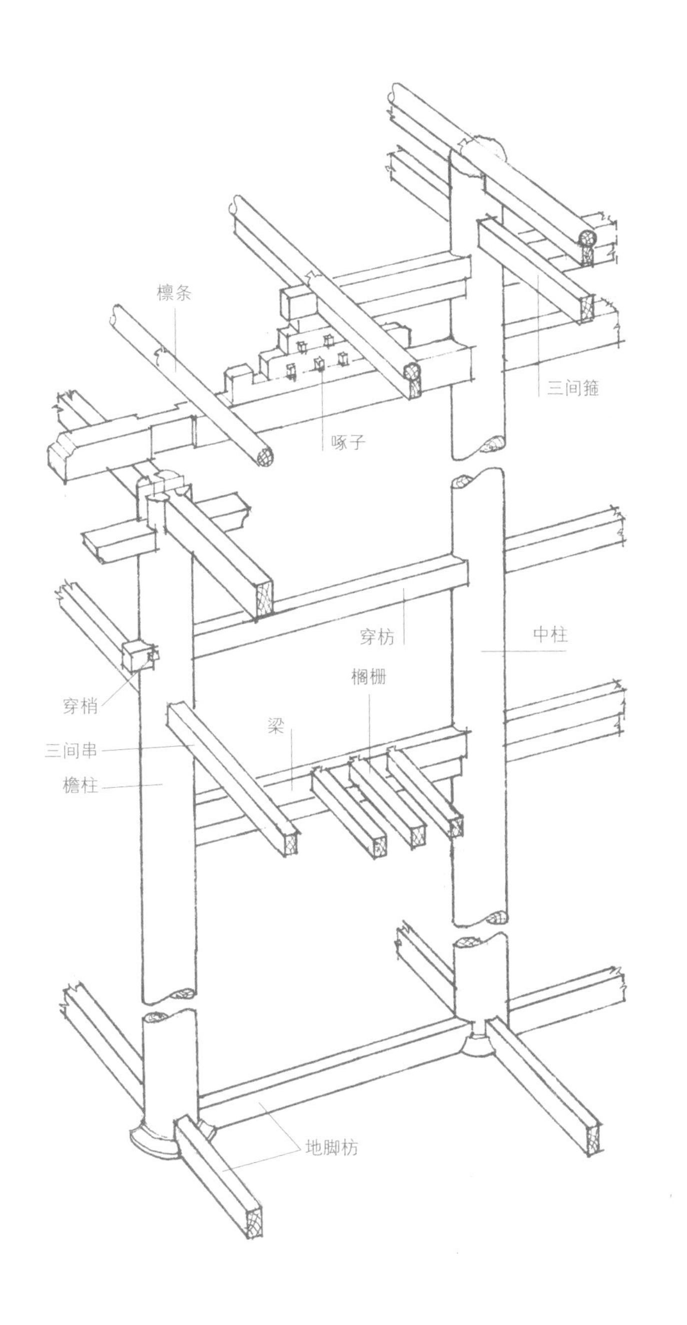


**图13-1 木构架抗震构造图**

木构架有侧脚，形成上小下大之势。自地面到屋顶，用数道纵横串枋串连起来，木构件间均做扣榫，构架的抗震性能较强。

性能都大大增强了。一位赵师傅介绍他的房子说："1951年大地震时，我家周围的房屋都倒了，但我的房子只略歪一点点，就是全靠这几根串枋了。"可惜串枋选料和加工难度大，造价也高，未能被广泛采用。

5. 土墙厚实并有收分。但多次地震常因墙倒而伤人，后来就在土墙内上下梁间加做一层稀排的木板筋，上下扣牢，阻止墙向内倒。

6. 屋瓦防滑脱措施。现存的明代民居，瓦下都先铺一层苇席，屋檐的封檐板做堵头，挡住瓦的下滑。现在的民居，不再用苇席，而平铺一层板瓦做垫层了。

白族人民为了抗震，在民居中积累了不少宝贵经验，值得认真研究、借鉴和不断改进。

## 白族民居建筑类型简表

| 时间 | 地点 | 建筑类型 | 建筑概况 |
| --- | --- | --- | --- |
| 新石器时代<br>公元前5000至前2000年 | 大理苍山佛顶、马龙 | 半穴居 | 考古发现在天然溪流旁有半穴居房屋，圆形和方形，面积30平方米左右，深1米。室内有火塘。储物窖穴深1米 |
|  | 马龙 | 地面建筑 | 马龙遗址发现半圆形灰墙面3处，似晚期地面居住屋 |
| 公元前1820年±85年<br>或前1725年±85年 | 宾川白羊村遗址 | 地面建筑 | 发现原始社会的聚落，房屋遗址11座，都是地面建筑。平面长形，面积约12平方米左右 |
| 铜石并用时代<br>公元前1150±90年 | 剑川剑湖之滨海门口 | 干阑式长屋 | 建筑遗址很大部分现已没入水中，很可能是一处“干阑式”长屋，即供原始居民集体居住的房屋 |
| 公元前465±75年 | 祥云县<br>大波那桐棺 | 干阑式井干式 | 出土的椁棺，外形颇似一幢“干阑式”房屋，双坡顶，脊两端微翘，棺底有12只脚，成“干阑式” |
| 公元739年至778年 | 太和城<br>（太和村西） | 卵石房 | 南诏第一个都城，遗址已毁，城内街巷房屋都是用石料铺砌 |

| 时间 | 地点 | 建筑类型 | 建筑概况 |
| --- | --- | --- | --- |
| 东汉至初唐<br>公元1世纪至7世纪 | 下关大展屯<br>东汉墓 | 木构架体系建筑 | 东汉砖石墓，砖上有几何花纹。还有一件陶楼模型，楼三层，各有庇檐，以斗栱支撑；檐角高翘，上承筒板庑殿顶 |
| 公元779年以后 | 羊苴咩城<br>（大理城西） | 木构架体系建筑 | 南诏779年迁都羊苴咩城，建筑规模宏大，现已毁。据文献所述其城市布局和建筑风格都和内地一样。规模宏大华丽的五华楼，上可容万人。大量的寺院和古塔表明白族建筑艺术和技术已有长足的进步 |
| 1950年以后 | 怒江州 | 干阑式<br>千脚落地房 | 是木柱、竹席墙、悬山式草顶、架空楼居的房屋，因架空层支柱甚多而得名。房屋长形，内分三间，中有火塘，是家庭生活中心。架空层关养牲畜、放杂物 |
| 1950年以后 | 兰坪、<br>洱源山区 | 井干式木楞房 | 山区林源丰富，“叠木为屋”是常见的住房形式，俗称木楞房。用圆木相叠为墙，四墙围合为室，木地板、木板屋顶，中有高架火塘，家人围火塘而居 |

| 时间 | 地点 | 建筑类型 | 建筑概况 |
|---|---|---|---|
| 1950年以后 | 大理 | 卵石房 | 用卵石砌墙，木构架承重，上覆草顶。房长三间，两层；底层分别为堂屋、卧室和厨房；楼层存放粮食杂物 |
| 1950年以后 | 大理 | 石头房 | 用巷山片麻石凿成大小不同的石块砌墙，上覆瓦顶，俗称土库房。房屋仍为三间两层，质量坚固，外观整洁 |
| 1950年以后 | 大理 | 庭院式瓦房 | 由一坊或数坊组成大小不同的院落，有三坊一照壁、四合五天井、重院等不同平面形式。房屋多装饰，重点是大门、照壁、木雕梁枋等 |
| 1950年以后 | 怒江州 | 干阑式<br>千脚落地房 | 是木柱、竹席墙、悬山式草顶、架空楼居的房屋，因架空层支柱甚多而得名。房屋长形，内分三间，中有火塘，是家庭生活中心。架空层关养牲畜、放杂物 |

| 时间 | 地点 | 建筑类型 | 建筑概况 |
| --- | --- | --- | --- |
| 1950年以后 | 兰坪、洱源山区 | 井干式木楞房 | 山区林湖丰富，“叠木为屋”是常见的住房形式，俗称木楞房。用圆木相叠为墙，四墙围合为室，木地板、木板屋顶，中有高架火塘，家人围火塘而居 |
| 1950年以后 | 大理 | 卵石房 | 用卵石砌墙，木构架承重，上覆草顶。房长三间，两层；底层分别为堂屋、卧室和厨房；楼层存放粮食杂物 |
| 1950年以后 | 大理 | 石头房 | 用巷山片麻石凿成大小不同的石块砌墙，上覆瓦顶，俗称土库房。房屋仍有三间两层，质量坚固，外观整洁 |
| 1950年以后 | 大理 | 庭院式瓦房 | 由一坊或数坊组成大小不同的院落，有三坊一照壁、四合五天井、重院等不同平面形式。房屋多装饰，重点是大门、照壁、木雕梁枋等 |

综上，白族民居建筑有两大类型：一为本土建筑形式有井干式（木愣房）、干阑式、卵石房、土库房，至今仍在一些地区传承着；一为汉族与本土建筑融合发展，自汉唐以来逐步成熟的，具有民族特点的木构架瓦房形式，至今在大理州及个别地区的白族中传承着。

**图书在版编目（CIP）数据**

大理白族民居 / 王翠兰撰文 / 陈谋德等摄影. —北京：中国建筑工业出版社，2014.6
（中国精致建筑100）
ISBN 978-7-112-16624-4

Ⅰ. ①大… Ⅱ. ①王… ②陈… Ⅲ. ①白族-民居-大理白族自治州-图集 Ⅳ. ① TU241.5-64

中国版本图书馆CIP 数据核字（2014）第057546号



责任编辑：董苏华 张惠珍 孙书妍 孙立波
技术编辑：李建云 赵子宽
图片编辑：张振光
美术编辑：赵 清 康 羽
书籍设计：瀚清堂·赵 清 周伟伟 康 羽
责任校对：张慧丽 陈晶晶 关 健
图文统筹：廖晓明 孙 梅 骆毓华
责任印制：郭希增 臧红心
材料统筹：方承艺

中国精致建筑100

**大理白族民居**

王翠兰 撰文/陈谋德 王翠兰 于 冰 摄影

中国建筑工业出版社出版、发行（北京西郊百万庄）
各地新华书店、建筑书店经销
南京瀚清堂设计有限公司制版
北京顺诚彩色印刷有限公司印刷

开本：889×710 毫米 1/32 印张：3 插页：1 字数：125 千字
2016年11月第一版 2016年11月第一次印刷
定价：**48.00**元
ISBN 978-7-112-16624-4
（24305）